Vivek Nair

Cuidados hidropónicos inteligentes utilizando IoThings

Vivek Nair

Cuidados hidropónicos inteligentes utilizando IoThings

ScienciaScripts

Imprint

Cover image: www.ingimage.com

This book is a translation from the original published under ISBN 978-613-4-95381-8.

Publisher:
Sciencia Scripts
is a trademark of
Dodo Books Indian Ocean Ltd. and OmniScriptum S.R.L publishing group

120 High Road, East Finchley, London, N2 9ED, United Kingdom
Str. Armeneasca 28/1, office 1, Chisinau MD-2012, Republic of Moldova, Europe
Printed at: see last page
ISBN: 978-620-8-10486-3

ÍNDICE DE CONTEÚDOS

RESUMO

Intelligent Plant Care Hydroponic BOX (IPCH-BOX) que utiliza métodos de controlo orientados para o ambiente através de uma ferramenta de gestão da Internet das Coisas (IoT) denominada IoTtalk. O IoTtalk fornece um software escalável e configurável para os utilizadores adicionarem/removerem/trocarem fácil e rapidamente os sensores e actuadores, e programarem as suas interações. A partir dos resultados das medições experimentais da IPCH-Box, os métodos de controlo desenvolvidos, orientados para o ambiente, incluem iluminação LED, pulverização de água e bomba de água, que podem reduzir eficazmente a concentração de CO2, a temperatura e aumentar o nível da água, respetivamente. Especificamente, o tempo de redução da concentração de CO2 na IPCH-Box é mais rápido do que no sistema de plantas sem o nosso mecanismo. Para enriquecer o crescimento das plantas, a ingestão de nutrientes na água e de solventes pelas plantas hidropónicas, é necessário controlar periodicamente o valor do pH. A necessidade inicial do sistema para definir o valor do pH depende do valor do fertilizante da planta hidropónica.

CAPÍTULO 1

INTRODUÇÃO

A tecnologia de sensores tem sido intensamente aplicada aos sistemas de tratamento de plantas. Existem dois tipos de sistemas de tratamento de plantas. Um sistema de tratamento de plantas em grande escala pode ser uma fábrica de plantas ou uma estufa. Por outro lado, um sistema de tratamento de plantas em pequena escala, com um tamanho de vários metros quadrados, é normalmente instalado num laboratório verde, num escritório ou em casa. Geralmente, um sistema de tratamento de plantas em pequena escala pode ser transformado a partir de um sistema em grande escala. Até agora, à exceção da aquisição de dados e da monitorização do estado de crescimento das plantas e das condições ambientais, ainda existem alguns desafios para o sistema de tratamento de plantas em pequena escala, incluindo a forma de adicionar/remover/trocar rapidamente os dispositivos sensores e verificar se o sistema de tratamento de plantas pode funcionar corretamente, como desenvolver eficazmente métodos de controlo orientados para o ambiente com uma qualidade de ar satisfatória através da iluminação por díodos emissores de luz (LED), pulverização de água e bomba de água afetada pelo CO_2, bem como pelo O_2, temperatura e nível da água, respetivamente. Este artigo apresenta um sistema hidropónico inteligente de tratamento de plantas em pequena escala que utiliza vários sensores e actuadores, incluindo sensores de temperatura, humidade, CO_2, O_2, nível de água, LEDs com três comprimentos de onda diferentes, pulverizador de água e bomba de água. Os dados ambientais do sistema de tratamento de plantas em pequena escala são recolhidos a partir dos sensores. Os dados são enviados para um servidor chamado IoT para análise, a fim de monitorizar o estado do ambiente e cuidar das plantas. Além disso, a IdC pode controlar o sistema de tratamento de plantas, dando instruções aos actuadores, como a iluminação LED e a bomba de água, de acordo com os valores-limite ambientais definidos pelo utilizador. A abordagem IoT é proposta para gerir fácil e rapidamente sensores e actuadores em hidroponia. O software para todos os dispositivos na IoT pode ser modularizado. Assim, os utilizadores podem facilmente adicionar/remover/trocar dispositivos sensores para interagir com actuadores como iluminação LED e pulverização de água com menos tempo de desenvolvimento. Por exemplo, podemos adicionar de forma flexível sensores de humildade extra para fazer uma monitorização mais precisa do sistema desenvolvido. Com configurações adequadas de sensores e actuadores, a caixa hidropónica pode melhorar a qualidade do ar no interior da caixa hidropónica. Especificamente, comparamos as concentrações de CO_2 e O_2 com a iluminação LED hidropónica e sem a iluminação. As experiências mostram que o mecanismo hidropónico é viável para reduzir a concentração de CO_2 e melhorar a concentração de O_2 e o pH, bem como a concentração de minerais na água. Observa-se que a sua capacidade de inchamento com água de boa qualidade agrícola excede 150 vezes o crescimento, e a sua capacidade como substrato (acrilato de potássio) que permite a passagem da água e do ar para as raízes, assim como fornecer a quantidade de água em tempo útil, é importante considerar como uma alternativa para substratos de misturas de culturas em hidroponia.

CAPÍTULO 2

PESQUISA BIBLIOGRÁFICA

2.1 T. Kameoka, H. Kondo, M. Isozaki, T. Nakamura, H. Kitamura, J. Kimura, "Medição ambiental para uma fábrica de plantas de interior com um sensor sem fios de tamanho microminiatura", Conferência Anual do IEEE SICE (SICE), pp. 2811-2816, setembro de 2011

A medição ambiental na fábrica de plantas é um fator extremamente importante quando se trata do ambiente peculiar mais adequado que uma planta tem. Esta medida tem mantido a estabilização de uma colheita gerida pelo know-how peculiar da exploração agrícola convencional. Mas se conseguirmos controlar cientificamente um determinado nível de dados ambientais, podemos sempre controlar o estado da planta nas condições mais adequadas. Desta vez, fomos micro-miniaturizados e desenvolvemos o sensor de temperatura-humidade sem fios, que adicionou uma função de rádio ao sensor de temperatura-humidade do tipo independente e mediu a distribuição da temperatura-humidade na casa da fábrica de plantas em tempo real. Se pudermos medir a distribuição da temperatura e da humidade em tempo real, podemos sempre controlar o ambiente mais adequado para uma fábrica.

2.2 S. Lee, S. Park, "Energy savings of home growing plants by using daylight and LED," IEEE Sensors Applications Symposium (SAS), pp. 202204, Feb. 2013

Este artigo centra-se na investigação da tecnologia de poupança de energia para a disseminação doméstica da fábrica de plantas através da utilização de fonte de luz artificial. Ao controlar o LED de acordo com a intensidade da radiação da luz solar através da utilização de um fotossensor, 260 PPFD (Photosynthesis Photon Flux Density), que é necessário para a cultura, são mantidos de forma consistente, independentemente da mudança do foto-ambiente. Para uma eficiência de crescimento óptima da cultura, é decidida a percentagem de LED por cores. A percentagem de poupança de energia entre o cultivo de plantas através da fonte de luz artificial e o cultivo de plantas através da luz solar sugerida nesta investigação é comparada, e cerca de 43% do efeito de poupança é reconhecido.

2.3 A. N. Harun, R. Ahmad, N. Mohamed, "Aplicação de RSSF em fábrica de plantas de LED usando o método de iluminação contínua (CL)", IEEE Open Systems (ICOS), pp. 56-61, Aug. 2015

Este estudo foi realizado para investigar as melhores práticas de utilização da luz LED para otimizar o crescimento e reduzir o tempo de rotação, utilizando diferentes tipos de estudo do fotoperíodo e utilizando a tecnologia de rede de sensores sem fios (WSN) como sistema de monitorização remota. O desempenho do crescimento da Brassica Chinensis sob dois comprimentos de onda diferentes (azul e vermelho) 16:4 como fonte de luz foi utilizado para determinar o desempenho do crescimento da planta e o aspeto fitoquímico das caraterísticas da planta. Foram efectuadas duas experiências, nomeadamente o tratamento por impulsos (1 hora de luz e 1 hora de escuridão) e o tratamento por fotoperíodo de luz contínua (CL) em ambos os ensaios. Foram analisadas observações como a contagem de folhas, a altura, o peso seco e a clorofila de ambas as plantas. Verificou-se que o fotoperíodo de luz contínua tem um efeito significativo no desempenho geral do crescimento e leva a uma melhoria notável da eficiência da fábrica de plantas. A fim de analisar os dados e monitorizar os parâmetros ambientais da fábrica de plantas, foi desenvolvido um sistema inteligente utilizando um sistema incorporado para automatizar o controlo e a manipulação do LED. O resultado mostra que o sistema é estável e tem uma referência significativa no domínio da fábrica de plantas ou do sistema de cultivo em interiores.

2.4 Theeramet Kaewwiset, Thongchai Yooyativong "Estimativa da condutividade eléctrica e do pH em sistemas hidropónicos de mistura de nutrientes utilizando o algoritmo de regressão linear", Artes Digitais, Media e Tecnologia (ICDAMT), abril de 2017

O objetivo deste estudo foi estudar a relação entre a condutividade eléctrica (CE) e o pH do sistema hidropónico de mistura de nutrientes e descobrir a equação de ajuste da CE e do pH utilizando a análise de regressão linear para gerar a equação matemática. Na experiência, utilizou-se a informação do carvalho verde para definir o objetivo de

CE e pH na equação de ajustamento. A partir da experiência, o investigador verificou que os ácidos nítricos utilizados no processo de regulação do pH têm um efeito no aumento do número de valores de CE, pelo que o investigador tenciona regular o valor de CE antes de regular o pH, uma vez que a CE é um indicador dos nutrientes de que a planta necessita. No tanque de mistura, as soluções nutritivas são ajustadas através do cálculo da equação de ajuste da CE e do pH e são enchidas manualmente em unidades de mililitros. Os resultados do estudo foram que a equação de ajustamento da CE e do pH pode estimar a quantidade de solução A e B a encher no processo de ajustamento da CE e a quantidade de ácido nítrico no processo de ajustamento do pH, de acordo com as necessidades do carvalho verde.

2.5 M. Sugano, "Elemental technologies for realizing a fully controlled artificial light-type plant factory," Emerging Technologies for a Smarter World (CEWIT), pp 1-5, Out. 2015

As fábricas de plantas são instalações de cultivo que permitem a produção de vegetais e outros produtos durante todo o ano, permitindo um controlo e monitorização precisos das condições de cultivo e do crescimento das plantas. Na Universidade da Prefeitura de Osaka, o Centro de Investigação e Desenvolvimento para a Fábrica de Plantas foi estabelecido como uma base de I&D de vanguarda especializada no desenvolvimento de uma instalação de crescimento de plantas operada inteiramente sob luz artificial. Esta fábrica de plantas é a maior instalação do seu género entre as universidades do Japão e pode produzir 5000 cabeças de alface por dia. Neste artigo, descrevemos algumas tecnologias-chave para o cultivo eficiente e a conservação de energia que foram estabelecidas nesta fábrica de plantas.

2.6 Kobayashi, T. Amore, M. Lazaro. "Díodos emissores de luz (LED) para alface hidropónica em miniatura", Optics and Photonics Journal, vol.3, pp 7477, 2013

Existe uma preocupação crescente com a segurança alimentar, o impacto ambiental e a utilização eficiente da energia nos sistemas de produção agrícola. A produção de alface sob iluminação artificial pode ser uma solução para estas preocupações. Os díodos emissores de luz (LED) oferecem as vantagens de um espetro de luz estreito, baixo consumo de energia e pouca produção de calor. O objetivo deste estudo foi determinar os efeitos de diferentes fontes de luz no crescimento da alface miniatura "Tom Thumb" num sistema hidropónico sem circulação de ar. As plântulas de alface, iniciadas em Oasis Horticubes, foram transferidas para vasos de rede em recipientes com uma solução nutritiva hidropónica. A alface foi cultivada em laboratório sob três tratamentos de luz - LEDs azuis, LEDs vermelhos e luzes fluorescentes. No final do estudo, as luzes fluorescentes resultaram num maior peso seco da raiz do que os LED azuis e os LED vermelhos. O peso seco total da planta sob luzes fluorescentes foi maior do que sob LEDs vermelhos. Não se registaram diferenças significativas no peso seco dos rebentos e na altura das plantas entre os tratamentos. A percentagem de distribuição do peso seco para os rebentos foi maior com os LEDs vermelhos, seguidos dos LEDs azuis e das luzes fluorescentes. A percentagem de partição do peso seco para as raízes foi maior com luzes fluorescentes, seguida de LEDS azuis e LEDs vermelhos. O teor de clorofila das folhas foi maior com LEDs azuis e luzes fluorescentes do que com LEDs vermelhos. O pH da solução nutritiva dos tratamentos com LED azul e com luz fluorescente foi superior ao do tratamento com LED vermelho. A condutividade eléctrica da solução nutritiva do tratamento com luz fluorescente foi superior à do tratamento com LED azul e do tratamento com LED vermelho. Em conclusão, os LED podem constituir uma fonte de iluminação alternativa para a produção de alface em miniatura.

2.7 F. Ijaz, H. Kondo, A. A. Siddiqui, B. K. Im, C. Lee, "Sistema de gestão e controlo remotos para uma fábrica de plantas com base em LED utilizando ZigBee e Internet," IEEE Advanced Communication Technology (ICACT), pp. 942-946, Fev. 2012.

Recentemente, estão a ser desenvolvidos sistemas inteligentes de produção agrícola para uma produção alimentar segura e de baixo custo. As fábricas de plantas proporcionam um rendimento elevado através do cultivo de várias culturas e da utilização eficiente da terra e dos recursos. O crescimento das plantas é facilitado pela manutenção da humidade, da temperatura, da concentração de CO2 e da intensidade da luz, e estes factores têm de ser monitorizados e mantidos num sistema automatizado. Neste artigo, propusemos um sistema de controlo para uma fábrica de plantas com base em LED que consiste numa rede em malha sem fios ZigBee e na monitorização remota através da Internet. São instalados sensores de campo para monitorizar as condições ambientais e a medição da energia, tendo sido implementada uma rede em malha ZigBee para a aquisição de dados destes sensores. Os nós ZigBee transferem os dados de campo para o nó coordenador, que também serve como nó de gateway, proporcionando interoperabilidade entre a rede TCP/IP e a rede de sensores sem fios ZigBee (WSN). Uma das principais novidades do sistema é a utilização de iluminação LED em vez de iluminação fluorescente devido ao seu baixo consumo de energia, longa duração e banda estreita útil. O sistema de iluminação LED proporciona um sistema de iluminação eficiente e económico que facilita o crescimento das plantas, variando a intensidade e a frequência da luz de acordo com as condições de luminosidade e as necessidades de crescimento, e também ajuda a reduzir os custos de produção e a acelerar o crescimento. O protótipo do sistema proposto foi instalado numa pequena parte da estufa. A aquisição de dados e a gestão remota do sistema revelaram um desempenho muito satisfatório.

CAPÍTULO 3

ANÁLISE DO SISTEMA

3.1 SISTEMA ACTUAL

O sistema hidropónico inteligente de tratamento de plantas em pequena escala utiliza vários sensores e actuadores, incluindo sensores de temperatura, humidade, CO_2, O_2, nível de água, LEDs com três comprimentos de onda diferentes, pulverizador de água e bomba de água. Os dados ambientais do sistema de tratamento de plantas em pequena escala são recolhidos pelos sensores. Os dados são enviados para um servidor chamado IoT para análise, a fim de monitorizar o estado do ambiente e cuidar das plantas. Além disso, a IoT pode controlar o sistema de tratamento de plantas, dando instruções aos actuadores, como a iluminação LED e a bomba de água, de acordo com os valores-limite ambientais definidos pelo utilizador.

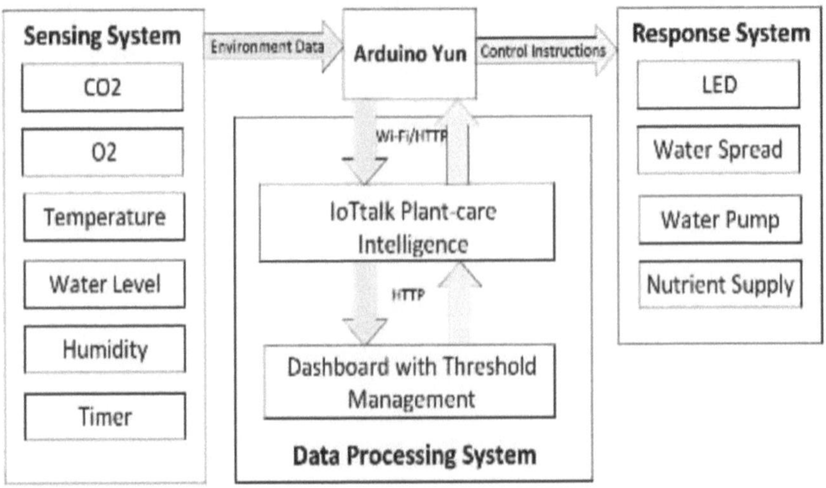

Figura 3.1: DIAGRAMA DE BLOCO DO SISTEMA EXISTENTE

A abordagem IoT é proposta para gerir fácil e rapidamente sensores e actuadores em hidroponia. O software para todos os dispositivos na IoT pode ser modularizado. Por conseguinte, os utilizadores podem facilmente adicionar/remover/trocar dispositivos sensores para interagir com actuadores, tais como iluminação LED e pulverização de água, com menos tempo de desenvolvimento.

3.1.1 INCONVENIENTES DO SISTEMA ACTUAL

► O sistema hidropónico existente limita-se a monitorizar as alterações dos factores ambientais e a actualizá-las na Internet através da IOT.

► Neste caso, o pH da planta hidropónica não é tido em conta para medir o nível de nutrientes da planta (ou seja, a presença de minerais no solvente da água) e a turvação (ou seja, a turvação ou nebulosidade de um fluido causada por um grande número de partículas individuais que são geralmente invisíveis a olho nu, semelhante ao fumo no ar).

► Além disso, o sistema existente não dispõe de uma opção para selecionar inicialmente o valor do pH.

3.2 SISTEMA PROPOSTO

O sistema proposto, INTELLIGENT HYDROPONICS CARE USING IoTHINGS, foi concebido para enriquecer o crescimento das plantas, medindo o teor de nutrientes no solvente de água ingerido pela planta hidropónica. O valor do pH deve ser monitorizado periodicamente para melhorar o crescimento da planta. Assim, a necessidade inicial do sistema de definir o valor do pH depende do valor do fertilizante da planta hidropónica. O sistema de cuidados hidropónicos é alargado, ou seja, a planta depende principalmente da água e dos nutrientes nela contidos. O sistema proposto também mede a turvação (ou seja, a turvação ou nebulosidade de um fluido causada por um grande número de partículas individuais que são geralmente invisíveis a olho nu, semelhante ao fumo no ar). A medição da turvação é um teste fundamental da qualidade da água.

Enquanto alguns materiais em suspensão são suficientemente grandes e pesados para se depositarem rapidamente no fundo do recipiente se a amostra de líquido for deixada em repouso (os sólidos sedimentáveis), partículas muito pequenas depositar-se-ão muito lentamente ou não se depositarão de todo se a amostra for regularmente agitada ou se as partículas forem coloidais. Estas pequenas partículas sólidas fazem com que o líquido pareça turvo.

3.2.1 OBJECTIVOS

Desenvolver um sistema inteligente e de tratamento de plantas hidropónicas para reduzir o erro humano e aumentar o cultivo e o crescimento das plantas.

3.2.2 VANTAGENS DO SISTEMA PROPOSTO

► O valor do pH pode ser definido inicialmente pelo sistema de tratamento de plantas, dependendo do cultivo.

► O valor do pH no solvente da água e os parâmetros são monitorizados frequentemente e os dados são carregados na Internet através do módulo IOT.

► Se o valor do pH for reduzido no solvente da água, isso é prejudicial para o sistema. Assim, através da metodologia de irrigação por gotejamento, o solvente da água é gotejado para a planta hidropónica até que o valor do pH se mantenha.

► Medição do nível de turbidez para testar a qualidade da água.

3.2.3 FERRAMENTAS UTILIZADAS NO TRABALHO PROPOSTO

S.n.	**Ferramentas**	**Pacotes**	**Línguas**
1.	Proteus 8 Professional	Simulação VSM	-
2.	IDE Arduino	Genuino(v1.8.1)	C incorporado

Quadro 3.1: FERRAMENTAS DE SOFTWARE

CAPÍTULO 4

DESCRIÇÃO DO SISTEMA

4.1 ARQUITECTURA DO SISTEMA

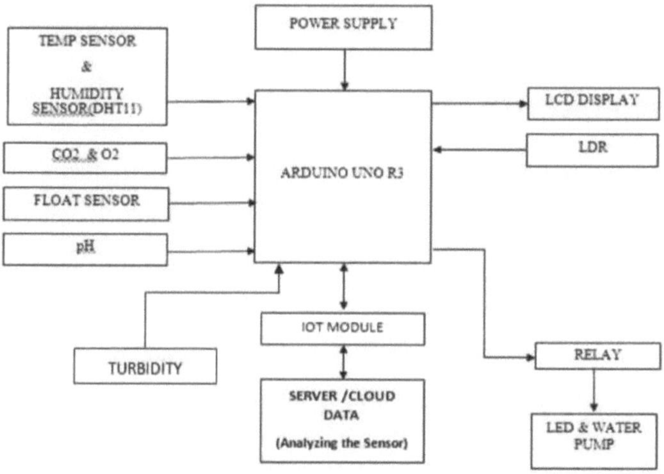

Figura 4.1: DIAGRAMA DE BLOCO DA IHC

Um protótipo em pequena escala da Caixa Hidropónica Inteligente (IHC) é apresentado na Fig. 3.2. A arquitetura do sistema na Fig. 3.2 inclui um sistema de deteção, um sistema de processamento de dados e um sistema de resposta. O sistema de deteção controla os sensores das FI, como a temperatura, a humidade, o CO_2, o O_2, o nível de água e o temporizador. O sistema de resposta controla ODFs ou actuadores, tais como LED, pulverização de água, bomba de água e fornecimento de nutrientes. Tanto o sistema de deteção como o sistema de resposta estão integrados numa placa Arduino UNO, que é responsável pela aquisição de dados ambientais e pela execução das instruções enviadas pelo sistema de processamento de dados. O sistema de processamento de dados, que inclui o IoTtalk plant-care intelligence e o painel de controlo com gestão de limiares, é responsável pela execução de funções de controlo orientadas para o ambiente de acordo com limiares definidos pelo utilizador. Os dados ambientais recolhidos pelo Arduino UNO e os limiares ambientais fornecidos pela gestão de limiares são transferidos para o IoTtalk plant-care intelligence, que dá instruções aos actuadores para tomarem medidas no sistema de resposta. Entretanto, os dados ambientais são enviados para o painel de controlo para registo e visualização de dados. O Arduino UNO comunica com o IoTtalk no computador portátil através de Wi-Fi. Tanto o IoTtalk como o painel de controlo podem residir no mesmo computador portátil e interagir entre si através de HTTP.

4.2 PRINCÍPIO DE FUNCIONAMENTO

Os cuidados hidropónicos inteligentes com recurso a Iothings realizam diferentes operações funcionais com a ajuda de componentes de interface (ou seja, monitorizam a hidroponia com vários sensores) e outros dados são analisados a partir da nuvem e o relatório de análise pode ser utilizado para melhorar a próxima colheita. A nova tecnologia de hidroponia pode melhorar a eficiência da irrigação, promovendo a conservação da água (menos consumo de água) e a precisão na análise de dados e reduzindo os impactos ambientais.

4.3 O SISTEMA DE GESTÃO DE DISPOSITIVOS DE CONVERSAÇÃO IOT

Na linguagem IoTtalk, os dispositivos IoT são compostos por vários dispositivos de entrada (IDF) e dispositivos de saída (ODF). Normalmente, um IDF é um sensor e um ODF é um atuador. Por exemplo, no IHC, um sensor de CO_2 é um IDF e um LED é um ODF. O servidor IoTtalk está instalado num computador portátil, onde todos os dispositivos IoT se ligam a este computador através de uma ligação Wi-Fi. A figura ilustra a arquitetura do IoTtalk, que configura a conetividade dos IDF e ODF e armazena toda a informação relacionada na base de dados. O sub-módulo de comunicação fornece APIs restful baseadas em HTTP para a aplicação do dispositivo (para fornecer/recuperar a informação IDF/ODF). Quando um dispositivo IoT se liga/desliga de/do IoTtalk, o DA dá instruções ao CSM através de APIs Restful para alterar o estado do dispositivo no IoTtalk.

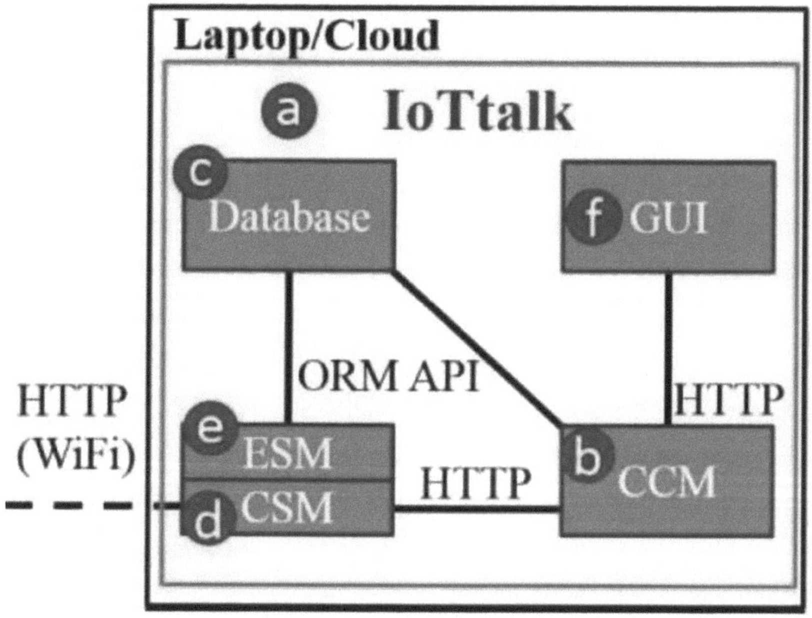

Figura 4.2: A ARQUITECTURA IoT TALK

O sub-módulo de execução é responsável pela execução das aplicações de rede dos IDFs e ODFs ligados. As aplicações de rede são modularizadas e podem ser reutilizadas em novas aplicações. A GUI fornece uma interface de utilizador amigável baseada na Web para estabelecer rapidamente ligações e interações significativas entre os dispositivos IoT. Através da GUI, um utilizador dá instruções ao CCM para executar as tarefas pretendidas para criar ou configurar caraterísticas, funções e configurações de ligação dos dispositivos. Os módulos ESM, CSM, CCM, GUI e DB residem no lado da rede e são designados por servidor IoTtalk. O servidor pode ser normalmente instalado num computador portátil, num computador de secretária ou no clou4d como máquina virtual. O DA apresentado é responsável pela ligação dos dispositivos IoT ao servidor IoTtalk, que está instalado numa placa MCU (por exemplo, Arduino UNO) ou num dispositivo móvel (por exemplo, um smartphone). É constituído por dois componentes de software. A Aplicação do Dispositivo à Rede comunica com o servidor IoTtalk para registo e troca de dados através de Wi-Fi. A aplicação do dispositivo IoT é um programa Arduino executado no ATmega32u8.

4.4 ARDUINO UNO R3

Arduino é uma empresa de hardware e software de computador de código aberto, um projeto e uma comunidade de utilizadores que concebe e fabrica microcontroladores de placa única e kits de microcontroladores para a construção de dispositivos digitais e objectos interactivos que podem detetar e controlar objectos no mundo físico. Os produtos do projeto são distribuídos como hardware e software de código aberto, licenciados ao abrigo da GNU Lesser General Public License (LGPL) ou da GNU General Public License (GPL), permitindo o fabrico de placas Arduino e a distribuição de software por qualquer pessoa. As placas Arduino estão disponíveis comercialmente na forma pré-montada ou como kits "faça você mesmo". Os projectos de placas Arduino utilizam uma variedade de microprocessadores e controladores. As placas estão equipadas com conjuntos de pinos de entrada/saída (E/S) digitais e analógicos que podem ser ligados a várias placas de expansão (shields) e outros circuitos. As placas possuem interfaces de comunicação em série, incluindo Universal Serial Bus (USB) em alguns modelos, que também são utilizadas para carregar programas a partir de computadores pessoais. Os microcontroladores são normalmente programados utilizando um dialeto de caraterísticas das linguagens de programação C e C++. Para além de utilizar cadeias de ferramentas de compiladores tradicionais, o projeto Arduino fornece um ambiente de desenvolvimento integrado (IDE) baseado no projeto de linguagem Processing.

Figura 4.3: PLACA ARDUINO UNO R3

O Arduino Uno R3 é uma placa de microcontrolador baseada no ATmega328P. Tem 14 pinos de entrada/saída digitais (dos quais 6 podem ser utilizados como saídas PWM), 6 entradas analógicas, um cristal de quartzo de 16 MHz, uma ligação USB, uma tomada de alimentação, um conetor ICSP e um botão de reset. Contém tudo o que é necessário para suportar o microcontrolador; basta ligá-lo a um computador com um cabo USB ou alimentá-lo com um adaptador AC-to-DC ou uma bateria para começar. Pode mexer no seu UNO sem se preocupar muito com a possibilidade de fazer algo de errado; na pior das hipóteses, pode substituir o chip por alguns dólares e começar de novo. "Uno" significa um em italiano e foi escolhido para marcar o lançamento do Arduino Software (IDE) 1.0. A placa Uno e a versão 1.0 do Arduino Software (IDE) eram as versões de referência do Arduino, que agora evoluíram para versões mais recentes. A placa Uno é a primeira de uma série de placas USB Arduino e o modelo de referência para a plataforma Arduino; para obter uma lista extensa de placas actuais, passadas ou desactualizadas, consulte o índice de placas Arduino.

4.5 DHT11

O sensor digital de temperatura e humidade DHT11 é um sensor composto que contém um sinal digital calibrado de saída da temperatura e da humidade. Aplicação de uma tecnologia de recolha de módulos digitais dedicados e da tecnologia de deteção de temperatura e humidade, para garantir que o produto tem alta fiabilidade e excelente estabilidade a longo prazo. O sensor inclui um sensor resistivo de componentes húmidos e um dispositivo de medição de temperatura NTC, e está ligado a um microcontrolador de 8 bits de alto desempenho.

Figura 4.4: DHT11

- Custo ultra baixo
- Alimentação e E/S de 3 a 5V
- 2,5 mA de corrente máxima durante a conversão (enquanto solicita dados)
- Bom para leituras de humidade de 20-80% com uma precisão de 5%
- Bom para leituras de temperatura de 0-50°C Precisão de ±2°C
- Taxa de amostragem não superior a 1 Hz (uma vez por segundo)
- Tamanho do corpo 15,5 mm x 12 mm x 5,5 mm
- 4 pinos com espaçamento de 0,1 "

4.6 FORNECIMENTO DE NUTRIENTES

O fornecimento de nutrientes segue um período de tempo definido pelo utilizador para acionar uma bomba que retira os nutrientes para o reservatório na IHC-Box. O tempo de fornecimento de nutrientes é definido por um temporizador de software que é modularizado como uma funcionalidade. A lógica de controlo é executada. Para verificar as funções propostas para a IHC-Box, as experiências seguintes testam os métodos de controlo orientados para o ambiente apresentados. São considerados dois casos para as experiências de redução da concentração de CO_2 e de melhoria do O_2. O caso 1 é o modelo de base do sistema da fábrica, que desactiva a iluminação LED da IHC-Box. O caso 2 ativa a função de controlo da iluminação da IHC-Box. Em ambos os casos, algumas Pothos são colocadas no lava-loiça com água cheia. São utilizadas quantidades fixas de bicarbonato de sódio (0,6 gm 0,1 gm) e vinagre para produzir aproximadamente a mesma quantidade de CO_2 em ambos os casos. No interior da IHC-Box, no caso 1, a produção máxima de CO2 aproxima-se de 1358 ppm. No caso 2, a concentração máxima de CO2 é de cerca de 1220 ppm. A redução máxima de CO_2 no Caso 2 é inferior à do Caso 1 em 138 ppm. Mais importante ainda, em comparação com o Caso 1, o tempo de redução da concentração de CO_2 que chega a cerca de 1000 ppm é 38,54% mais rápido do que sem iluminação LED no interior da IHC-Box.

A segunda experiência mede a distribuição da concentração de O2, em que um sensor de O_2 regista os dados de concentração para ambos os casos, respetivamente. Os valores de concentração de O_2 registados no Caso 2 situam-se entre 18% e 20,5% e são sempre superiores aos registados sem a utilização da iluminação LED da IHC Box.

4.7 MQ-135

O sensor de gás MQ-135 aplica SnO2, que tem uma condutividade mais baixa no ar puro, como material de deteção de gás. Numa atmosfera onde possa existir gás poluente, a condutividade do sensor de gás aumenta juntamente com o aumento da concentração do gás poluente. O MQ-135 realiza uma boa deteção de fumo e outros gases nocivos, especialmente sensível ao amoníaco, sulfureto e vapor de benzeno. A sua capacidade de detetar vários gases nocivos e o seu baixo custo fazem do MQ-135 a escolha ideal para diferentes aplicações de deteção de gás.

Figura 4.5: MQ-135

4.8 ECRÃ DE CRISTAIS LÍQUIDOS

O ecrã LCD (Liquid Crystal Display) é um módulo de visualização eletrónico que tem uma vasta gama de aplicações. Um ecrã LCD 16x2 é um módulo muito básico e é muito utilizado em vários dispositivos e circuitos. Estes módulos são preferidos aos de sete segmentos e a outros LED de vários segmentos. As razões são as seguintes: Os LCDs são económicos; facilmente programáveis; não têm qualquer limitação de apresentação de caracteres especiais e mesmo personalizados (ao contrário dos sete segmentos), animações e assim por diante. Um LCD 16x2 significa que pode apresentar 16 caracteres por linha e existem 2 linhas deste tipo. Neste LCD, cada carácter é apresentado numa matriz de 5x7 pixels. Este LCD tem dois registos, nomeadamente, Comando e Dados. O registo de comando armazena as instruções de comando dadas ao LCD. Um comando é uma instrução dada ao LCD para executar uma tarefa predefinida, como inicializá-lo, limpar o ecrã, definir a posição do cursor, controlar o ecrã, etc. O registo de dados armazena os dados a serem apresentados no LCD. Os dados são o valor ASCII do carácter a ser apresentado no LCD. Clique para saber mais sobre a estrutura interna de um LCD.

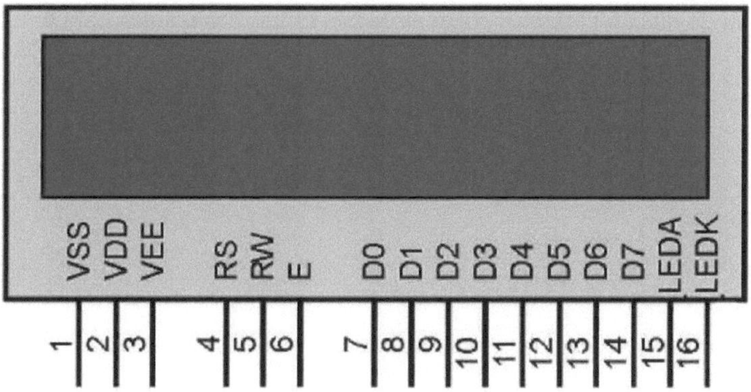

Figura 4.6: Ecrã LCD 16X2

4.9 ILUMINAÇÃO LED

Os LED ODF incluem 6 fontes de luz vermelha, 2 azuis e 8 brancas, que são os componentes mais essenciais deste sistema. Os LEDs são controlados pelo sensor de O_2 e pelo sensor de CO_2, de acordo com a lógica de controlo conjunta da Fig.

As fontes de luz branca são activadas durante o funcionamento normal da IPCH-Box. As fontes de luz branca são desligadas quando se verifica uma das três condições: (1) A concentração de CO_2 é superior a 1000 ppm, (2) A concentração de O_2 é inferior a 18% e a temperatura é superior ao valor limite definido pelo utilizador.

Quando a concentração de CO_2 é superior ao nível padrão aceitável em 1000 ppm ou a concentração de O_2 é inferior a 18%, o que viola os níveis padrão, as fontes de luz vermelha e azul serão ligadas e fundidas na fonte de luz roxa para consumir eficientemente CO_2 e produzir O_2 no processo de fotossíntese.

4.10BOMBA DE ÁGUA E PULVERIZADOR

Um sensor de nível de água é responsável pela deteção do nível de água no lava-loiça. Sempre que o nível de água é inferior ao limiar definido pelo utilizador, a bomba começa a extrair água para a IHC-Box até que o nível de água seja superior ao valor padrão. A lógica de controlo inteligente está implementada. Quando um sensor de temperatura detecta que a temperatura é superior a um valor limite, o IoTtalk acciona a função no círculo de junção para pulverizar água nas folhas das plantas para baixar a temperatura.

CAPÍTULO 5

DESCRIÇÃO DO SOFTWARE

5.1 SOFTWARE DE SIMULAÇÃO PROTEUS

O Proteus é uma ferramenta de software de simulação e conceção desenvolvida pela Labcenter Electronics para aplicações eléctricas

e desenho de circuitos electrónicos. Possui igualmente uma função de desenho CAD 2D. Merece ostentar o slogan "Do conceito à conclusão".

5.1.1SOBRE A PROTEUS

É um conjunto de software que contém esquemas, simulação e conceção de PCB.

- O ISIS é o software utilizado para desenhar esquemas e simular os circuitos em tempo real. A simulação permite o acesso humano durante o tempo de execução, proporcionando assim uma simulação em tempo real.
- O ARES é utilizado para a conceção de placas de circuito impresso e tem a função de visualizar os resultados em 3D da placa de circuito impresso concebida, juntamente com os componentes.
- O designer pode também desenvolver desenhos 2D para o produto.

5.1.2CARACTERÍSTICAS

O ISIS dispõe de uma vasta gama de componentes na sua biblioteca. Dispõe de fontes, geradores de sinais, ferramentas de medição e análise como osciloscópio, voltímetro, amperímetro, etc., sondas para monitorização em tempo real dos parâmetros do circuito, interruptores, ecrãs, cargas como motores e lâmpadas, componentes discretos como resistências, condensadores, indutores, transformadores, circuitos integrados digitais e analógicos, interruptores semicondutores, relés, microcontroladores, processadores, sensores, etc. O ARES permite a conceção de placas de circuito impresso até 14 camadas internas, com montagem em superfície e pacotes de orifícios passantes. Está incorporado com as impressões de pé de diferentes categorias de componentes como ICs, transístores, cabeçalhos, conectores e outros componentes discretos. Oferece opções de encaminhamento automático e manual ao projetista de PCB. O esquema desenhado no ISIS pode ser transferido diretamente para o ARES.

Iniciar novo design

Passo 1: Abra o software ISIS e selecione Novo desenho no menu Ficheiro

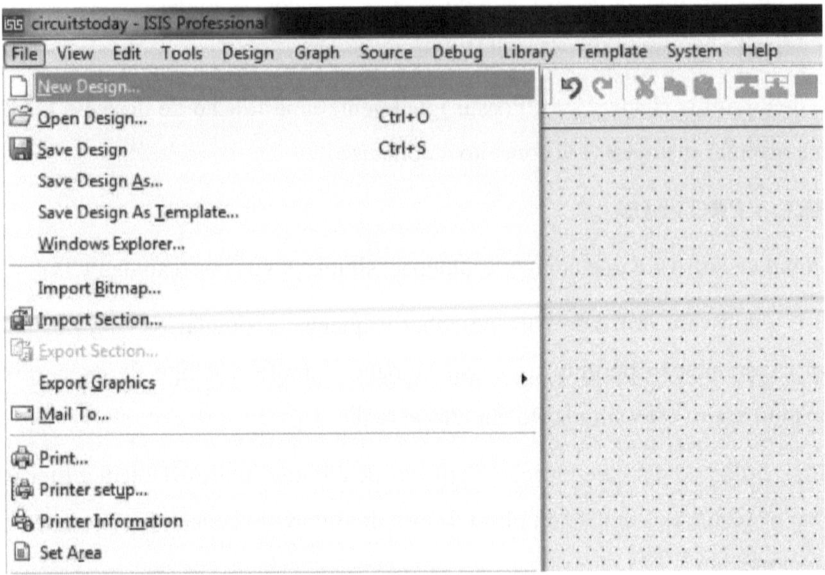

Figura 5.1: MENU PROTEUS FILE

Passo 2: Aparece uma caixa de diálogo para guardar o desenho atual. No entanto, estamos a criar um novo ficheiro de desenho, pelo que pode clicar em Sim ou Não, dependendo do conteúdo do ficheiro atual. Em seguida, aparece uma janela pop-up a pedir para selecionar o modelo. É semelhante à seleção do tamanho do papel durante a impressão. Por agora, selecione predefinido ou de acordo com o tamanho do layout do circuito.

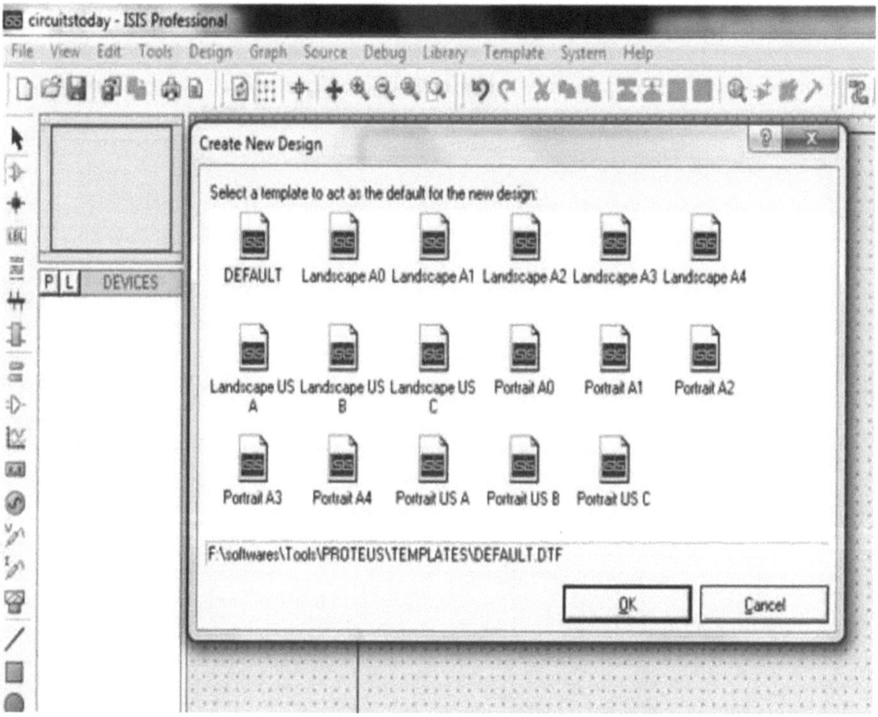

Figura 5.2: PROTEUS DEFAULT TEMPLATE SELECT

Passo 3: Será aberta uma folha de desenho sem título, guarde-a de acordo com o seu desejo, é melhor criar uma nova pasta para cada apresentação, uma vez que gera outros ficheiros de apoio ao seu desenho. No entanto, não é obrigatório.

Figura 5.3: FOLHA DE DESENHO DO PROTEUS

Passo 4: Para selecionar componentes, clique no botão de modo de componentes.

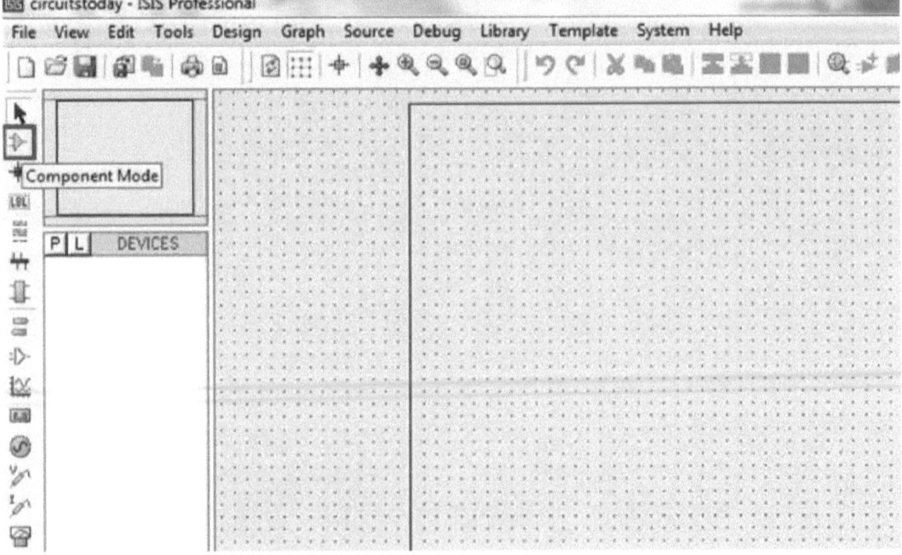

Figura 5.4: MODO COMPONENTE

Passo 5: Clique em Selecionar a partir de bibliotecas. Mostra as categorias de componentes disponíveis e uma opção de pesquisa para introduzir o nome da peça

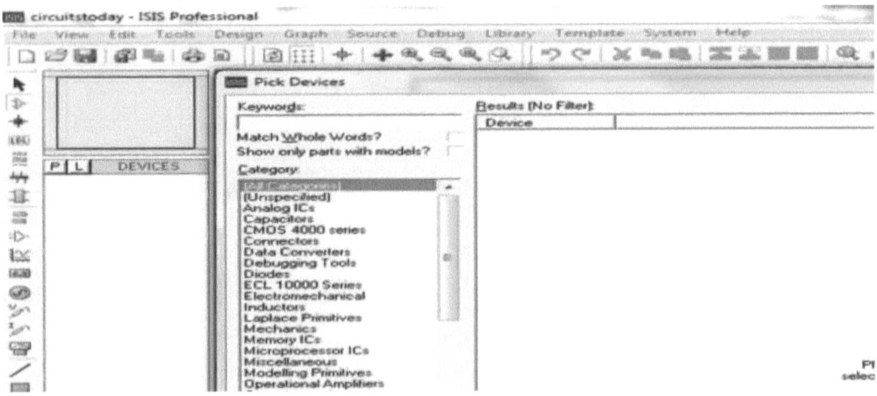

Figura 5.5: Escolher de uma biblioteca

Passo 6: Selecione os componentes a partir das categorias ou escreva o nome da peça.

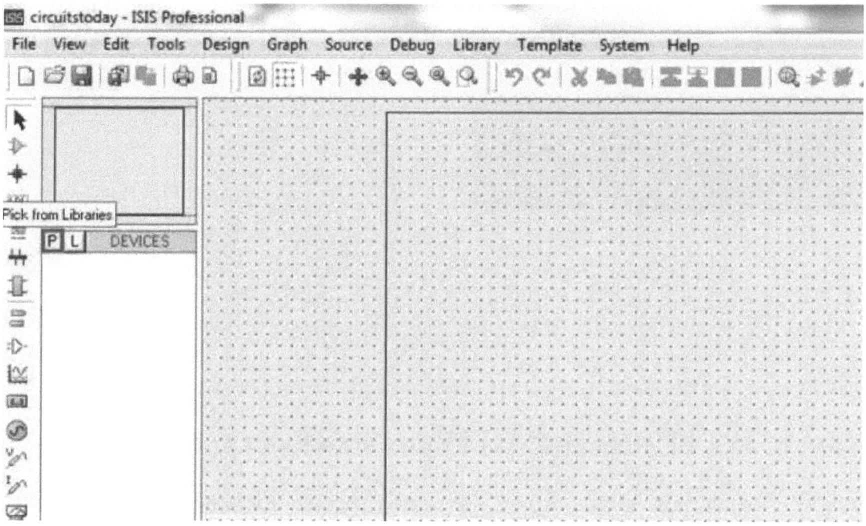

Figura 5.6: CAIXA DE TEXTO DAS PALAVRAS-CHAVE

5.2 SOFTWARE ARDUINO (IDE)

O Ambiente de Desenvolvimento Integrado Arduino - ou Arduino Software (IDE) - contém um editor de texto para escrever código, uma área de mensagens, uma consola de texto, uma barra de ferramentas com botões para funções comuns e uma série de menus. Liga-se ao hardware Arduino e Genuino para carregar programas e comunicar com eles.

5.2.1ESBOÇOS DE ESCRITA

Os programas escritos com o software Arduino (IDE) são designados por sketches. Estes sketches são escritos no editor de texto e são guardados com a extensão de ficheiro .ino.

O editor tem funcionalidades para cortar/colar e para procurar/substituir texto. A área de mensagens dá feedback ao guardar e exportar e também apresenta erros. A consola apresenta o texto emitido pelo software Arduino (IDE), incluindo mensagens de erro completas e outras informações. O canto inferior direito da janela apresenta a placa e a porta série configuradas. Os botões da barra de ferramentas permitem-lhe verificar e carregar programas, criar, abrir e guardar esboços.

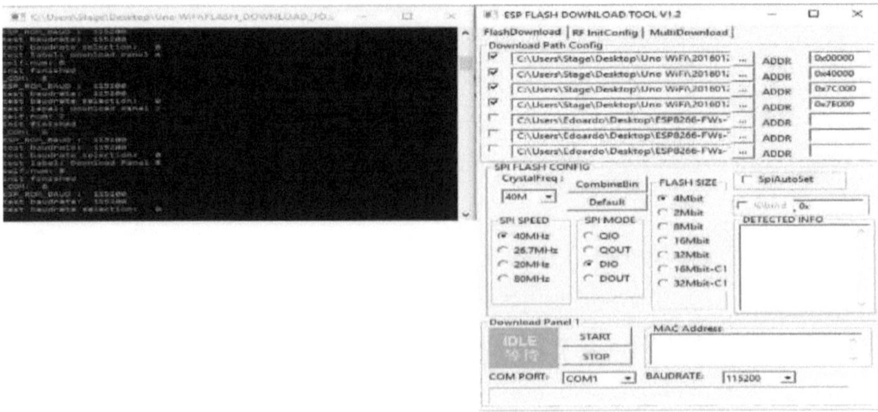

Figura 5.7: CAIXA DE DIÁLOGO DA FERRAMENTA FLASH

Os comandos adicionais encontram-se nos cinco menus: Ficheiro, Editar, Esboço, Ferramentas, Ajuda. Os menus são sensíveis ao contexto, o que significa que apenas estão disponíveis os itens relevantes para o trabalho que está a ser realizado.

Ficheiro

- Novo

Cria uma nova instância do editor, com a estrutura mínima de um esboço já existente.

- Aberto

Permite carregar um ficheiro de esboço navegando pelas unidades e pastas do computador.

- Aberto Recente

Apresenta uma pequena lista dos esboços mais recentes, prontos a serem abertos.

- Caderno de esboços

Mostra os sketches actuais na estrutura de pastas do sketchbook; clicar em qualquer nome abre o sketch correspondente numa nova instância do editor.

- Exemplos

Qualquer exemplo fornecido pelo software Arduino (IDE) ou biblioteca aparece neste item de menu. Todos os exemplos estão estruturados numa árvore que permite um acesso fácil por tópico ou biblioteca.

- Fechar

Fecha a instância do Arduino Software a partir da qual é clicado.

- Guardar

Guarda o sketch com o nome atual. Se o ficheiro não tiver sido nomeado anteriormente, será fornecido um nome numa janela "Guardar como...".

- Guardar como...

Permite guardar o esboço atual com um nome diferente.

- Configuração da página

Mostra a janela Configurar página para impressão.

- Imprimir

Envia o esboço atual para a impressora de acordo com as definições definidas em Configuração da página.

- Preferências

Abre a janela Preferências, onde algumas configurações do IDE podem ser personalizadas, como o idioma da interface do IDE.

- Desistir

Fecha todas as janelas do IDE. Os mesmos esboços abertos quando a opção Sair foi escolhida serão reabertos automaticamente na próxima vez que você iniciar o IDE.

Editar

- Anular/Refazer

Retrocede um ou mais passos que efectuou durante a edição; quando retrocede, pode avançar com Refazer.

- Cortar

Remove o texto selecionado do editor e coloca-o na área de transferência.

- Cópia

Duplica o texto selecionado no editor e coloca-o na área de transferência.

- Cópia para o Fórum

Copia o código do seu esboço para a área de transferência num formato adequado para ser colocado no fórum, completo com coloração de sintaxe.

- Copiar como HTML

Copia o código do seu esboço para a área de transferência como HTML, adequado para ser incorporado em páginas Web.

- Colar

Coloca o conteúdo da área de transferência na posição do cursor, no editor.

- Selecionar tudo

Seleciona e realça todo o conteúdo do editor.

- Comentário/Não comentário

Coloca ou remove o // marcador de comentário no início de cada linha selecionada.

- Aumentar/diminuir o travessão

Adiciona ou subtrai um espaço no início de cada linha selecionada, movendo o texto um espaço para a direita ou eliminando um espaço no início.

- Encontrar

Abre a janela Localizar e Substituir onde pode especificar o texto a procurar dentro do esboço atual de acordo com várias opções.

- Encontrar o próximo

Destaca a próxima ocorrência - se houver - da cadeia de caracteres especificada como o item de pesquisa na janela Localizar, em relação à posição do cursor.

- Procurar Anterior

Destaca a ocorrência anterior - se houver - da cadeia especificada como o item de pesquisa na janela Localizar em relação à posição do cursor.

Esboço

- Verificar/Compilar

Verifica se existem erros na compilação do seu sketch; irá reportar a utilização de memória para o código e variáveis na área da consola.

- Carregar

Compila e carrega o ficheiro binário na placa configurada através da porta configurada.

- Carregar utilizando o programador

Isto irá sobrescrever o bootloader na placa; terá de utilizar Tools > Burn Bootloader para o restaurar e ser capaz de fazer novamente o Upload para a porta série USB. No entanto, permite-lhe utilizar a capacidade total da memória Flash para o seu sketch. Tenha em atenção que este comando NÃO queima os fusíveis. Para o fazer, deve ser executado um comando Tools -> Burn Bootloader.

- Exportar binário compilado

Guarda um ficheiro .hex que pode ser guardado como arquivo ou enviado para a placa utilizando outras ferramentas.

- Mostrar pasta de esboços

Abre a pasta de esboços atual.

- Incluir a biblioteca

Adiciona uma biblioteca ao seu sketch inserindo declarações #include no início do seu código. Para mais pormenores, consulte as bibliotecas abaixo. Adicionalmente, a partir deste item de menu pode aceder ao Library Manager e importar novas bibliotecas a partir de ficheiros .zip.

- Adicionar ficheiro...

Adiciona um ficheiro fonte ao sketch (será copiado da sua localização atual). O novo ficheiro aparece num novo separador na janela do sketch. Os ficheiros podem ser removidos do sketch utilizando o menu do separador acessível clicando no pequeno ícone triangular por baixo do ícone do monitor série no lado direito da barra de ferramentas.

Ferramentas

- Formato automático

Isto formata bem o seu código: ou seja, recua-o de modo a que as chavetas de abertura e de fecho fiquem alinhadas e que as instruções dentro de chavetas fiquem mais recuadas.

- Esboço de arquivo

Arquiva uma cópia do sketch atual em formato .zip. O arquivo é colocado no mesmo diretório que o sketch.

- Corrigir a codificação e recarregar

Corrige possíveis discrepâncias entre a codificação do mapa de caracteres do editor e os mapas de caracteres de outros sistemas operativos.

- Monitor de série

Abre a janela do monitor de série e inicia a troca de dados com qualquer placa ligada na porta atualmente selecionada. Isto normalmente reinicia a placa, se a placa suportar a reinicialização através da abertura da porta serial.

- Direção

Selecione a placa que está a utilizar. Consulte abaixo as descrições das várias placas.

- Porto

Este menu contém todos os dispositivos de série (reais ou virtuais) na sua máquina. Deve ser atualizado automaticamente sempre que abrir o menu de ferramentas de nível superior.

- Programador

Para selecionar um programador de harware quando se programa uma placa ou chip e não se utiliza a ligação USB-serial integrada. Normalmente, não precisa disto, mas se estiver a gravar um bootloader num novo microcontrolador, irá utilizá-lo.

- Gravar carregador de arranque

Os itens deste menu permitem-lhe gravar um bootloader no microcontrolador de uma placa Arduino. Isto não é necessário para a utilização normal de uma placa Arduino ou Genuino, mas é útil se comprar um novo microcontrolador ATmega (que normalmente vem sem um bootloader). Certifique-se de que selecionou a opção

placa correta a partir do menu Boards antes de gravar o bootloader na placa alvo. Este comando também define os fusíveis corretos.

Ajuda

Aqui encontra acesso fácil a uma série de documentos que vêm com o software Arduino (IDE). Tem acesso a Introdução, Referência, este guia para o IDE e outros documentos localmente, sem uma ligação à Internet. Os documentos são uma cópia local dos documentos online e podem remeter para o nosso sítio Web online.

- Encontrar em Referência

Esta é a única função interactiva do menu Ajuda: seleciona diretamente a página relevante na cópia local da Referência para a função ou comando sob o cursor.

5.2.2CADERNO DE ESBOÇOS

O software Arduino (IDE) utiliza o conceito de um sketchbook: um local padrão para armazenar os seus programas (ou sketches). Os esboços no seu sketchbook podem ser abertos a partir do menu File > Sketchbook ou a partir do botão Open na barra de ferramentas. A primeira vez que executar o software Arduino, este criará automaticamente um diretório para o seu sketchbook. Pode ver ou alterar a localização do sketchbook na caixa de diálogo Preferências.

A partir da versão 1.0, os ficheiros são guardados com uma extensão de ficheiro .ino. As versões anteriores utilizam a extensão .pde. Pode ainda abrir ficheiros com o nome .pde na versão 1.0 e posteriores, o software renomeará automaticamente a extensão para .ino.

Separadores, vários ficheiros e compilação

Permite-lhe gerir esboços com mais do que um ficheiro (cada um dos quais aparece no seu próprio separador). Estes podem ser ficheiros de código Arduino normais (sem extensão visível), ficheiros C (extensão .c), ficheiros C++ (.cpp) ou ficheiros de cabeçalho (.h).

5.2.3CARREGAMENTO

Antes de carregar o seu esboço, é necessário selecionar os itens corretos nos menus Ferramentas > Placa e Ferramentas > Porta. As placas são descritas abaixo. No Mac, a porta série é provavelmente algo como /dev/tty.usbmodem241 (para um Uno ou Mega2560 ou Leonardo) ou /dev/tty.usbserial-1B1 (para uma placa USB Duemilanove ou anterior), ou /dev/tty.USA19QW1b1P1.1 (para uma placa série ligada com um adaptador Keyspan USB-para-série). No Windows, é provavelmente COM1 ou COM2 (para uma placa série) ou COM4, COM5, COM7, ou superior (para uma placa USB) - para descobrir, procure o dispositivo série USB na secção de portas do Gestor de Dispositivos do Windows. No Linux, deve ser /dev/ttyACMx , /dev/ttyUSBx ou semelhante. Depois de ter selecionado a porta série e a placa corretas, prima o botão de carregamento na barra de ferramentas ou selecione o item Carregar no menu Sketch. As placas Arduino actuais serão reiniciadas automaticamente e iniciarão o carregamento. Com as placas mais antigas (pré-Diecimila) que não têm reinicialização automática, terá de premir o botão de reinicialização na placa imediatamente antes de iniciar o carregamento. Na maioria das placas, verá os LEDs RX e TX a piscar à medida que o sketch é carregado. O software Arduino (IDE) apresentará uma mensagem quando o carregamento estiver concluído ou mostrará um erro.

Quando carrega um sketch, está a utilizar o carregador de arranque do Arduino, um pequeno programa que foi carregado no microcontrolador da sua placa. Permite-lhe carregar código sem utilizar qualquer hardware adicional. O carregador de arranque está ativo durante alguns segundos quando a placa é reiniciada; depois, inicia o esboço que foi carregado mais recentemente para o microcontrolador. O carregador de arranque piscará o LED da placa (pino 13) quando arrancar (ou seja, quando a placa for reiniciada).

5.2.4BIBLIOTECAS

As bibliotecas fornecem funcionalidade extra para utilização em sketches, por exemplo, trabalhar com hardware ou manipular dados. Para utilizar uma biblioteca num sketch, selecione-a no menu Sketch>Importar biblioteca. Isto irá inserir uma ou mais declarações #include no topo do sketch e compilar a biblioteca com o seu sketch. Porque as bibliotecas são carregadas para a placa com o seu sketch, aumentam a quantidade de espaço que ocupa. Se um sketch já não precisar de uma biblioteca, simplesmente elimine as suas declarações #includestatements do topo do seu código. Existe uma lista de bibliotecas na referência. Algumas bibliotecas estão incluídas no software Arduino. Outras podem ser descarregadas a partir de uma variedade de fontes ou através do Library Manager. A partir da versão 1.0.5 do IDE, é possível importar uma biblioteca de um arquivo zip e usá-la em um esboço aberto. Consulte estas instruções para instalar uma biblioteca de terceiros.

5.2.5HARDWARE DE TERCEIROS

O suporte para hardware de terceiros pode ser adicionado ao diretório de hardware do diretório do seu sketchbook. As plataformas ali instaladas podem incluir definições de placa (que aparecem no menu de placa), bibliotecas de núcleo, carregadores de inicialização e definições de programador. Para instalar, crie o diretório de hardware, depois descomprima a plataforma de terceiros para o seu próprio sub-diretório. (Não utilize "arduino" como nome do subdiretório ou irá sobrepor-se à plataforma Arduino incorporada). Para desinstalar, basta apagar o diretório...

5.2.6MONITOR DE SÉRIE

Apresenta os dados de série que estão a ser enviados pela placa Arduino ou Genuino (USB ou placa de série). Para enviar dados para a placa, introduza texto e clique no botão "send" (enviar) ou prima enter. Escolha a taxa de baud no menu suspenso que corresponde à taxa passada para Serial.begin no seu esboço. Tenha em atenção que no

Windows, Mac ou Linux, a placa Arduino ou Genuino será reiniciada (reiniciará a execução do seu esboço para o início) quando se ligar ao monitor de série.

5.2.7PREFERÊNCIAS

Algumas preferências podem ser definidas na caixa de diálogo de preferências (que se encontra no menu Arduino no Mac, ou File no Windows e Linux). As restantes podem ser encontradas no ficheiro de preferências, cuja localização é mostrada na caixa de diálogo de preferências.

5.2.8APOIO LINGUÍSTICO

Figura 5.8: CAIXA DE DIÁLOGO DE APOIO À LINGUAGEM

Desde a versão 1.0.1 , o software Arduino (IDE) foi traduzido para mais de 30 idiomas diferentes. Por predefinição, o IDE é carregado no idioma selecionado pelo seu sistema operativo. (Observação: no Windows e possivelmente no Linux, isso é determinado pela configuração de localidade que controla os formatos de moeda e data, não pelo idioma em que o sistema operacional é exibido). Se pretender alterar o idioma manualmente, inicie o Arduino Software (IDE) e abra a janela Preferências. Junto ao Idioma do editor, existe um menu pendente com os idiomas atualmente suportados. Selecione o seu idioma preferido no menu e reinicie o software para utilizar o idioma selecionado. Se o idioma do seu sistema operativo não for suportado, o Arduino Software (IDE) irá utilizar por defeito o inglês.

É possível retornar o software à configuração padrão de seleção do idioma com base no sistema operacional, selecionando Padrão do sistema no menu suspenso Idioma do editor. Esta definição entrará em vigor quando reiniciar o Arduino Software (IDE). Da mesma forma, depois de alterar as definições do sistema operativo, tem de reiniciar o Arduino Software (IDE) para o atualizar para o novo idioma predefinido.

CAPÍTULO 6

RESULTADOS DA SIMULAÇÃO E COMPARAÇÃO

6.1 VISÃO GERAL DO PROTEUS - DIAGRAMA DE CIRCUITOS

A figura 6.1 representa o diagrama do circuito do sistema IHC, com vários nós de sensores (i.e., temperatura, humidade, LDR, etc...) em interface com os pinos analógicos da placa arduino UNO.

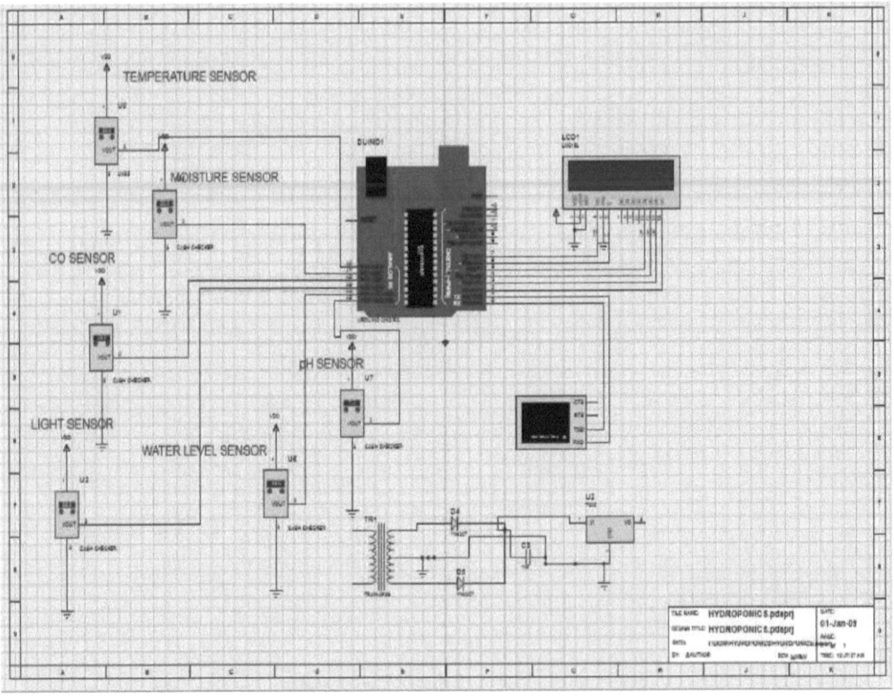

Figura 6.1: DIAGRAMA DO CIRCUITO DO IHC

6.2 INTERACÇÃO DOS NÓS SENSORES

Aqui, o nó sensor ligado ao sistema monitoriza os efeitos ambientais e acciona os dispositivos de saída em função dos mesmos.

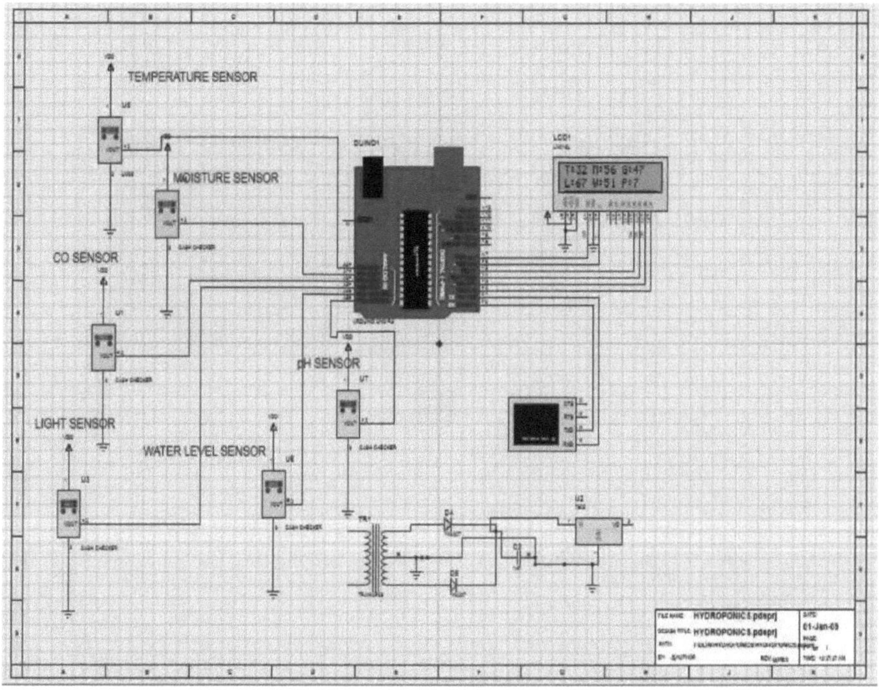

Figura 6.2: INTERACÇÃO DOS NÓDULOS SENSORES

6.3 MONITORIZAÇÃO através de IOT (VIRTUAL WINDOW)

Os nós sensores detectam os parâmetros ambientais e transmitem-nos ao IOT (Virtual Window). Assim, o utilizador pode monitorizar os valores a partir de qualquer lugar.

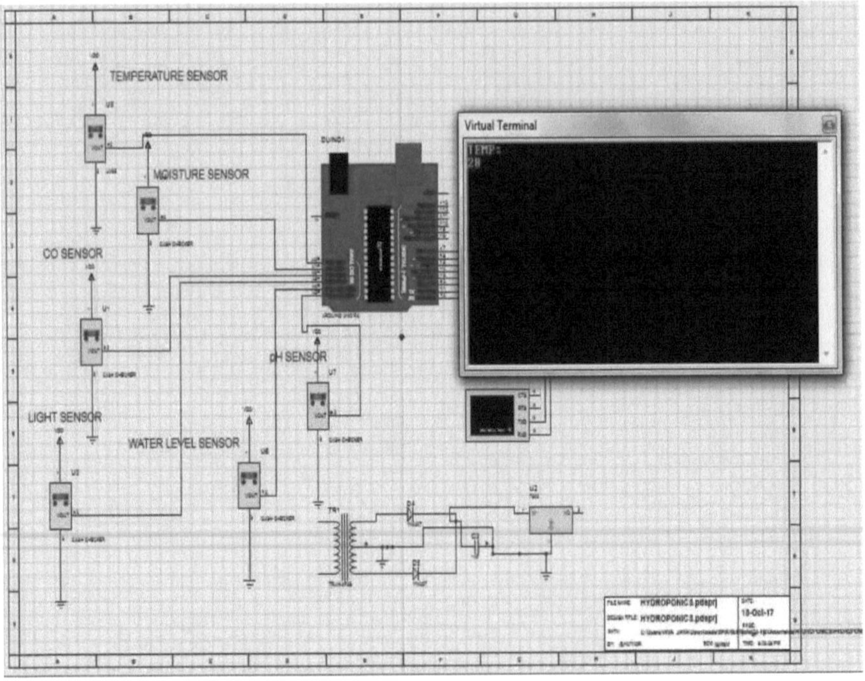

Figura 6.3: MONITORIZAÇÃO NA JANELA VIRTUAL

TIPO	SISTEMA ACTUAL	SISTEMA PROPOSTO
Sistema de gestão de dispositivos IoT (monitorização)	Sim	Sim
Sensor de CO2 e O2	Sim (Separado)	Sim (Combinado)
Temperatura e humidade	Sim (Separado)	Sim (Combinado)
Sensor de pH	NÃO	Sim
Sensor de flutuação	NÃO	Sim
Turbidez	NÃO	SIM

Quadro 7.1: QUADRO COMPARATIVO

CAPÍTULO 7

CONCLUSÃO

Propõe-se um sistema inteligente de tratamento hidropónico para reduzir o erro humano e aumentar o cultivo e o crescimento das plantas. Assim, no sistema de tratamento de plantas proposto, o valor do pH da planta hidropónica é definido inicialmente. Dependendo do valor de pH definido, o sensor de pH detecta o valor do solvente da água. As alterações ambientais e de nutrientes podem ser monitorizadas a partir da janela virtual IOT. Além disso, a hidroponia depende principalmente da água, pelo que se obtém a medição da turbidez da qualidade da água. A caraterística mais importante é que a IPCH-Box integra o IoTtalk, que permite aos utilizadores adicionar/remover/trocar sensores e actuadores de forma fácil e rápida e fornece métodos de controlo orientados para o ambiente entre sensores e actuadores.

REFORÇO FUTURO

Além disso, os cuidados com as plantas hidropónicas podem ser controlados através de uma aplicação concebida (web/mobile). O controlo (ON/OFF) dos nós sensores depende das necessidades dos utilizadores. E para definir o valor do pH através da aplicação (web/mobile), para que os utilizadores possam aceder ao sistema de tratamento das plantas através da Internet. Para tornar o sistema flexível, pode ser concebida uma aplicação para controlar e monitorizar o sistema IHC

REFERÊNCIAS

[1] T. Kameoka, H. Kondo, M. Isozaki, T. Nakamura, H. Kitamura, J. Kimura, "Medição ambiental para uma fábrica de plantas de interior com um sensor sem fios de tamanho micro-miniatura" , Conferência Anual do IEEE SICE (SICE), pp. 2811-2816, setembro de 2011

[2] S. Lee, S. Park, "Energy savings of home growing plants by using daylight and LED," IEEE Sensors Applications Symposium (SAS), pp. 202-204, Feb. 2013

[3] A. N. Harun, R. Ahmad, N. Mohamed, "Aplicação de RSSF em fábrica de plantas de LED usando o método de iluminação contínua (CL)", IEEE Open Systems (ICOS), pp. 56-61, Aug. 2015

[4] Theeramet Kaewwiset, Thongchai Yooyativong "Estimativa da condutividade eléctrica e do pH em sistemas hidropónicos de mistura de nutrientes utilizando o algoritmo de regressão linear", Artes Digitais, Media e Tecnologia (ICDAMT), abril de 2017

[5] M. Sugano, "Elemental technologies for realizing a fully controlled artificial light-type plant factory," Emerging Technologies for a Smarter World (CEWIT), pp 1-5, Out. 2015

[6] Kobayashi, T. Amore, M. Lazaro. "Díodos emissores de luz (LED) para alface hidropónica em miniatura", Optics and Photonics Journal, vol.3, pp 74-77, 2013

[7] F. Ijaz, H. Kondo, A. A. Siddiqui, B. K. Im, C. Lee, "Sistema de gestão e controlo remotos para uma fábrica de plantas com base em LED utilizando ZigBee e Internet," IEEE Advanced Communication Technology (ICACT), pp. 942-946, Fev. 2012.

APÊNDICE

```
#include <LiquidCrystal.h>
LiquidCrystal lcd(7,6,5,4,3,2);
int t=0,m=0,g=0,l=0,p=0,w=0;
int wait=0;

void setup()
{
 pinMode(A0,INPUT);
 pinMode(A1,INPUT);
 pinMode(A2,INPUT);
 pinMode(A3,INPUT);
 pinMode(A4,INPUT);
 pinMode(A5,INPUT);
 Serial.begin(9600);
 lcd.begin(16, 2);
 lcd.setCursor(0,0);
 lcd.print("Hydroponics Care");
 delay(3000);
 lcd.setCursor(0,0);
 lcd.print("T:   M:   G:     ");
 lcd.setCursor(0,1);
 lcd.print("L:   W:   P:     ");
 wait=0;

}
```

```
void loop()
{
 wait=wait+1;

t=analogRead(A0)/2;
m=analogRead(A1)/2;
g=analogRead(A2)/2;
l=analogRead(A3)/2;
w=analogRead(A4)/2;
p=analogRead(A5)/2;
 lcd.setCursor(2,0);
 lcd.print(t);
  lcd.setCursor(7,0);
 lcd.print(m);
  lcd.setCursor(12,0);
 lcd.print(g);
  lcd.setCursor(2,1);
 lcd.print(l);
  lcd.setCursor(7,1);
 lcd.print(w);
  lcd.setCursor(12,1);
 lcd.print(p);
 delay(2000);

 lcd.setCursor(2,0);
```

```
lcd.print("   ");
 lcd.setCursor(7,0);
lcd.print("   ");
 lcd.setCursor(12,0);
lcd.print("   ");
 lcd.setCursor(2,1);
lcd.print("   ");
 lcd.setCursor(7,1);
lcd.print("   ");
 lcd.setCursor(12,1);
lcd.print("   ");

if(wait>=10)
{
  wait=0;
  Serial.println("TEMP:");
  Serial.print(t);
  Serial.println("MOISTURE:");
  Serial.print(m);
Serial.println("GAS:");
  Serial.print(g);
  Serial.println("INTENSITY:");
  Serial.print(l);
Serial.println("FLOAT:");
  Serial.print(w);
  Serial.println("pH:");
```

```
 Serial.print(p);

 delay(500);

}

}
```

More
Books!
yes
I want morebooks!
Buy your books fast and straightforward online - at one of world's fastest growing online book stores! Environmentally sound due to Print-on-Demand technologies.
Buy your books online at
www.morebooks.shop
Compre os seus livros mais rápido e diretamente na internet, em uma das livrarias on-line com o maior crescimento no mundo! Produção que protege o meio ambiente através das tecnologias de impressão sob demanda.
Compre os seus livros on-line em
www.morebooks.shop
info@omniscriptum.com
www.omniscriptum.com
OMNIScriptum

MIX
Papier aus verantwortungsvollen Quellen
Paper from responsible sources
FSC® C105338

Printed by Books on Demand GmbH, Norderstedt / Germany